AF548049

Christa Nehls

Handout: Kommunikation für Berater

Wie mache ich es richtig?

2. überarbeitete Auflage

www.menschin.com

ISBN 978-3-944126-09-8

Inhaltsverzeichnis

Vorwort

Kommunikation – ein weites Feld. Was hat das Aufräumen der gebrauchten Kaffeetasse bei Arbeitsende mit Kommunikation zu tun? Oder die Kleidung, verknittert, mit Flecken, der Hemdkragen windet sich um den Kragen des Jacketts? Ist das Kommunikation? Schließlich, so heißt es, ist Kommunikation doch der Austausch der gesprochenen Worte. Doch weit gefehlt.

Kommunikation ist weit mehr als das gesprochene Wort, dieses ist sogar der geringere Teil der Kommunikation. Angenommen wir treten in Kontakt zu einem anderen Menschen. Das allererste ist der Blickkontakt und der nimmt die Erscheinung des Gegenübers wahr, die Kleidung, die Haare, die Gestalt, das Gesicht, die Mimik, die Gestik, die Körperhaltung. Danach hören wir die Stimme, spüren den Handschlag.

Und schon erschließt sich uns ein Teil der eingangs gemachten Aussagen. Plötzlich bekommt die Kleidung, die wir tragen, eine ganz andere Wertigkeit, drückt Wertschätzung oder auch Mangel an Wertschätzung aus.

Wie würden Sie sich fühlen? Ein wichtiger Termin mit einem Kunden, Sie haben sich in einen Business-Outfit geworfen, der Kunde erscheint bei Ihnen mit verschossenem Hemd und die Jeans hat ihre beste Zeit schon lange hinter sich und Löcher an Stellen, die wir hier nicht näher beschreiben wollen. Ganz gleich, was er anschließend vorhaben könnte, er hat keinerlei Wertschätzung für Sie übrig. Das ist schon einmal klar.

Nehmen wir uns nun die Kaffeetasse vor. Sie sind im Dauereinsatz bei Ihrem Kunden. Sie gehören schon zur Stammmannschaft. Den Tag über immer haben Sie immer wieder Ihren Kaffee nachgefüllt. Sie lassen die Tasse am Abend stehen. Die Mitarbeiter haben ihre Tasse in die Küche oder sogar in den Geschirrspüler geräumt.

Was Sie demzufolge da praktizieren, ist mangelnde Wertschätzung gegenüber Ihrem Kunden und seinen Mitarbeitern. Und das fällt auf Ihr Unternehmen, auf Ihren Arbeitgeber und auf Sie zurück.

Sie sagen, das ist doch nicht wichtig, eine leichte Nachlässigkeit, eine Unachtsamkeit. Die Ansichten sind verschieden, und das einzige, was zählt, ist die Meinung des Auftraggebers.

Eine alte Redensart lautet: „Wie man kommt gegangen, so wird man auch empfangen." Soviel zu Nachlässigkeit und Unachtsamkeit. In der Interaktion mit Geschäftspartnern hat das nichts, aber rein gar nichts zu suchen.

Mit der von mir entwickelten L.I.S.A.-Methode erfahren Sie, wie Sie es richtig machen. Das Handout ist eine kleine Erinnerungshilfe für das Seminar.

„Kommunikation ist das, was ankommt."

Ihre Christa Nehls

Mannheim, im Juni 2012

Warum ist Kommunikation wichtig?

Im Wald geht das Gerücht um, der Bär habe eine Todesliste. Alle fragen sich, wer da wohl draufstehen mag. Schließlich nimmt der Hirsch allen Mut zusammen und fragt den Bären: „Sag mal, stehe ich auch auf deiner Liste?" – „Ja," sagt der Bär „auch dein Name steht auf meiner Liste." Voller Angst läuft der Hirsch davon. Zwei Tage später wird er tot aufgefunden.

Entsetzen macht sich breit.

Der Keiler hält die Ungewissheit, wer als nächster dran sein mag, nicht mehr aus und fragt den Bären, ob auch er auf der Liste stehen würde. „Ja," sagt der Bär „auch du stehst auf meiner Liste." Der Keiler sucht schleunigst das Weite. Zwei Tage später wird er tot aufgefunden.

Nun bricht Panik unter den Waldbewohnern aus.

Allein der Hase wagt es noch, den Bären aufzusuchen. „Bär, steh ich auch auf der Liste?" – „Ja, auch du stehst auf der Liste." – „Kannst du mich da streichen?" – „Ja klar, kein Problem!"

Merke: Kommunikation ist das, was ankommt.

Anmerkung:
Dieses Handout ersetzt nicht die Teilnahme am Seminar. Sie dient als Gedächtnisstütze für die Zeit danach, da ein großer Teil des Seminars aus praktischen Übungen besteht.

Business-Knigge

Es gibt niemals eine 2. Chance einen 1. Eindruck zu machen

Sie betreten das Unternehmen eines Kunden, melden sich am Empfang. Sie sind eine halbe Stunde zu früh. Die Empfangsdame/der Pförtner greift zum Telefon, um Sie bei Ihrem Gesprächspartner anzumelden. Was machen Sie?
Natürlich, richtig, stoppen. Merken Sie sich genau fürs nächste Mal. Teilen Sie der Person am Empfang genau mit, zu welchem Zeitpunkt Sie mit dem Mitarbeiter verabredet sind (sofern Sie außerhalb des akzeptablen Zeitfensters eintreffen), und fragen Sie gleich, wo Sie warten können.
Und die Moral aus der Geschicht': Pünktlichkeit ist eine Zier, doch zu früh zum Termin erscheinen, ist genauso unhöflich und respektlos, wie zu spät ankommen.

Grundregeln für das äußere Erscheinungsbild

- Haare: gewaschen, gekämmt, ordentlich geschnitten
- Hände: saubere und glatt geschnittene Fingernägel, bei Frauen dezent einfarbig lackiert, Hände gewaschen und sauber (alle Bastelreste entfernen). Eventuell einen Maniküre-Termin einplanen.
- Bart: Hier streiten sich die Geister, Bart ja oder nein. Drei-Tage-Bart ist definitiv out und passé. Entweder glatt rasiert oder ein sehr sorgfältig gepflegter Bart. Achten Sie darauf, dass die Lippen und der Mund frei sind. Es könnte sein, dass Ihr Gesprächspartner schwerhörig oder taub ist und von Ihren Lippen ablesen will. Und natürlich immer vor dem Spiegel säubern nach dem Essen. Essensreste sind tabu.
- Kleidung: sauber, gut sitzend, dezente Farbtöne, bei Reisen ausreichend Kleidungsstücke zum Wechseln mitnehmen1
- Hemden: Achten Sie darauf, dass der Kragen sauber und glatt ist. Sowie der Kragen einen Schmutzrand hat oder abgestoßen/ausgefranst ist, bitte das Hemd entsorgen.
- Krawatten: Dezente Farben und Muster entsprechend Ihrer Branche bevorzugen. Sorgfältig binden und vorher die Knoten zuhause üben. Es könnte sein, dass der Gastgeber bei hochsommerlichen Temperaturen ohne Klimaanlage anbietet, Krawatte und Jackett abzulegen.

---

[1] Sollten Sie länger als zwei Tage verreisen, meine Herren, dann bitte mehr als einen Anzug einpacken. Es reicht definitiv nicht aus, nur Hemd und Krawatte zu wechseln!

- Strümpfe: Achten Sie darauf, dass der Strumpf immer unter der Hose verschwindet. Die Socken oder ggf. Kniestrümpfe sind farblich passend zur Hose. NB: Tennissocken sind out.
- Schuhe: sauber und ordentlich geputzt, die Absätze gerade (ggf. durch den Schuster gerichtet), farblich passend zum Anzug. Möglichst gleiche oder sehr ähnlicher Farbton zum Gürtel, falls Sie einen Gürtel tragen.
- Taschentuch: Bitte immer sauber! Am besten Papiertaschentücher.

Ergänzung für die Damenwelt:

- Je mehr Haut zu sehen ist, desto weniger Kompetenz wird Ihnen zugestanden!
- Sie tragen im Sommer einen Rock wegen der Temperaturen? Dann tragen Sie bitte Strümpfe. Das mögen Sie nicht? Dann sprechen Sie mit weiblichen Führungskräften in Ihrem Haus, was noch im Rahmen der Unternehmenspräsentationsregeln akzeptiert wird. Auf jeden Fall die Zehen verstecken, also Sling(pump)s tragen und keine Peep Toes.

Sie brauchen noch Inspiration:

- Schauen Sie in die Literaturliste, die Sie erhalten.
- Suchen Sie im Internet: z.B. www.anzugskauf.com
- Newsletter abonnieren: www.stil.de

10 Knigge-Fehler

1. **Unaufmerksam sein:** In eine andere Richtung zu sehen, während jemand mit Ihnen spricht, ist schlechtes Benehmen. Aufmerksamkeit ist eines der größten Komplimente, das Sie einer Person machen können. Zeigen Sie Ihr Interesse!

2. **Schlaffer Handschlag:** Ein schlaffer Handschlag erweckt den Eindruck, dass Sie unsicher und nicht von sich selbst überzeugt sind. Deshalb: Geben Sie Ihrem Gegenüber einen festen Handschlag. Das zeigt Selbstvertrauen, Herzlichkeit, Offenheit und Aufrichtigkeit. Aber Vorsicht: Zerquetschen Sie nicht die Hand Ihres Gegenübers. Dies ist nicht nur ein Zeichen von Dominanz und mangelnder Sensibilität, sondern es macht auch unbeliebt.

3. **Rauchen:** In vielen gesellschaftlichen Räumlichkeiten ist es mittlerweile verboten zu rauchen. Übergehen Sie dieses Verbot niemals. Sogar wenn Zigaretten erlaubt sind, Zigarren sind es meist nicht. Und niemals sollten Sie die Asche auf den Boden schnippen.

4. **Das Glas falsch halten:** Gläser mit Stiel sollten Sie auch an diesem anfassen. Es ist stillos, Wein-, Sekt- oder Cocktailgläser am Kelch zu packen. Haben Gläser keinen Stiel, halten Sie diese in der linken Hand. Sie vermeiden dadurch, dass Ihr Gegenüber bei der Begrüßung eine kalte, klamme Hand schütteln muss.

5. **Kein Jackett oder das Jackett offen tragen (für Männer):** Legen Sie niemals das Jackett ab, bis es nicht der Gastgeber selbst getan hat. Ebenso sollten Sie Ihr Jackett im Stehen immer schließen.

6. **Zu viel Alkohol:** Kontrollieren Sie Ihren Alkoholkonsum. Sie denken vielleicht, dass Sie im Moment Spaß haben, Ihre Mitmenschen sehen das sehr wahrscheinlich anders. Frei von Hemmschwellen können Sie Dinge tun und sagen, die Sie nachher bitter bereuen werden. Sie ruinieren Ihren eigenen guten Ruf und die Stimmung der anderen Anwesenden.

7. **Zu wenig Abstand:** Jeder Mensch hat eine Intimzone um sich herum (ca. 50 cm). Keiner mag es, wenn andere in diese Zone eindringen, ohne vorher eingeladen worden zu sein (gilt pauschal in West-Deutschland / USA). Wenn so etwas passiert, versucht jeder sofort auszuweichen. Der Eindringling wird für seine unsensible Handlung missachtet.

8. **Laut reden:** Sprechen Sie nicht so laut, sonst wirken Sie schnell anmaßend und aufgeblasen. Ihre Stimme sollte ruhig und gleichmäßig sein. Wählen Sie Tonfall und Stimmvolumen der Situation und dem Zeitpunkt angemessen.

9. **Hand auf die Schulter legen:** So lange Ihr Gesprächspartner nicht ein alter Freund von Ihnen ist, ist das Handreichen bei Begrüßung und Verabschiedung die einzige Berührung, die angemessen ist. Berühren Sie Ihr Gegenüber sonst nicht ohne Erlaubnis. Sie denken vielleicht, dass Ihre Geste unschuldig ist, aber andere können sie als anzüglich oder belästigend sehen.

10. **Zur gleichen Zeit reden:** Fallen Sie Ihrem Gesprächspartner nicht ins Wort. Lassen Sie ihn ausreden, bevor Sie antworten. So erscheinen Sie höflich, und auch er kann Ihnen dann besser zuhören. Zuhören ist das Geheimnis guter Kommunikation.

Wie stelle ich mich vor?

Mit jedem neuen Kundenkontakt stehen wir wieder vor der Situation:

- Wie stelle ich mich vor?
- Wie viel ist gerade notwendig?
- Mache ich es kurz oder lang? Ist meine Firma bekannt?
- Stelle ich nur mich vor?
- Wie viel Zeit brauche ich dafür?
- Was sage ich auf jeden Fall immer?
- Was erwartet vor allem der Kunde an Information von mir?

Ein paar Grundbegriffe vorab:
AIDA hilft hier bei der Vorbereitung, **A** – Attention (Aufmerksamkeit), **I** – Interest (Interesse), **D** – Desire (Verlangen), **A** – Action (Handlung). Durch die gezielte und persönliche Ansprache bekomme ich die Aufmerksamkeit meines Gegenübers, wecke sein Interesse und das Verlangen, genau das „Produkt", das ich ihm gerade beschreibe, zu „kaufen", z.B. SIE.

Ein 'Elevator Pitch' ist eine kurze, sorgfältig geplante und gut präsentierte Beschreibung Ihrer beruflichen Tätigkeit, die einerseits Ihre Oma verstehen würde - und die nur so lange dauert, wie Sie in einem Aufzug in den siebten Stock brauchen. Also 30-90 Sekunden, daher der Name 'Elevator Pitch'.

Nun kommt es darauf an, in welcher Umgebung ich mich gerade aufhalte. Bei welchem Anlass befinde ich mich:

- Kundenbesuch (1. Mal)
- 1. Tag als Berater für eine längere Zeit
- Projektmeeting mit Kunden
- Event zum z.B. Jubiläum eines Kunden in
- lockerer Umgebung
- Festgesellschaft (Achtung, Kleidung!)
- Netzwerk
- Tagung

Sie sehen, es gibt viele verschiedene Anlässe. Bei allen kommen Sie um zwei Punkte nicht herum: Smalltalk und Vorstellung. Für jeden einzelnen Anlass gibt es ausführliche Erläuterungen, wie diese zu bewältigen sind.

Bereiten Sie sich vor … auf Ihre erste Selbstpräsentation. Überlegen Sie, welche Zuhörer Sie haben werden, welcher Anlass vor Ihnen liegt, was also im Kontext wichtig ist und wie viel Zeit Sie für die Vorstellung haben.

Dieser Kurzabriss reicht, der Rest ist Übung und Feedback. Im Seminar nehmen wir uns viel Zeit für diese Übungen.

Fragetechniken

Offene Fragen

Hier handelt es sich um „W" - Fragen: Wer, Wo, Was?

„Warum" als Fragewort bitte ersetzen durch z.B.: „aus welchem Grund ..." „wozu ..."

NB: sonst meldet sich das innere Kind wieder, das die Fragen der frühen Kindheit aus dem Unterbewusstsein holt wie ...

„Warum bist du zu spät gekommen?"
„Warum hast du die Hausaufgaben nicht gemacht?"
„Warum hast du dein Zimmer immer noch nicht aufgeräumt?"
etc.

Nutzen	Gefahren
Die Antwort erfolgt im ganzen Satz.	Der Fragesteller wird mit vielen Details verwirrt.
Viele Informationen können übermittelt werden.	Längere Monologe möglich.
Der Partner erhält die Chance zu reden.	Sie vergeben Ihre Chance zu reden.
Dialog fördernd, vor allem in Verbindung mit aktivem Zuhören.	
Der Partner übernimmt Mitverantwortung.	Eventuell übernimmt ein übereifriger Partner Ihnen das Heft aus der Hand.

Der Partner fühlt sich ernst genommen und akzeptiert.	
Ermunterung zur freien Rede und Aufrechterhaltung der Kommunikation.	

Geschlossene Fragen

Diese können wir nur mit „Ja" oder „Nein" beantworten. Erinnern Sie sich an „Was bin ich?" mit Robert Lemke u.a.? Diese Fragen beginnen häufig mit einem Verb.

Nutzen	**Gefahren**
Bestätigung und Zustimmung für eine Sache	Die Antwortoptionen befinden sich bereits im Kopf des Fragestellers. Der Partner sagt nur noch, ob er sie akzeptiert oder nicht.
Konzentration auf wichtige Themen	Keine Ermunterung zur Aussprache / Dialog hemmend
Sinnvoll, wenn ich genau weiß, was ich will.	Verantwortung liegt beim Sprecher / Fragesteller
Enthalten Informationen, die bejaht oder verneint werden können	Eventuell gehen wichtige Zusatzinformationen verloren.
Kurze, zeitsparende Antworten	Fragesteller hat wenig Zeit zum Nachdenken und muss immer neue Fragen formulieren.
Partner legt sich mit seiner Meinung fest.	

Alternativ-Frage

Enthält immer das Wort „oder", eignet sich gut für Terminabsprachen

Suggestiv-Frage

„Sie meinen doch sicherlich auch, dass …"
Hier versuche ich dem Gesprächspartner eine vorformulierte Meinung einzugeben / suggerieren.

Rhetorische Frage

Rhetorische Fragen nehmen dem Gespräch die Ernsthaftigkeit, da sie meistens Banalitäten enthalten oder auch Behauptungen ohne Antwortmöglichkeit. Ebenso transportieren Sie Inhalte, die den Gesprächspartner bloßstellen oder erniedrigen.
z.B. „Ist es nicht besser, wenn Sie Ihre Kosten reduzieren?" oder „Haben Sie das (jetzt endlich) verstanden? (Sie Dummkopf)". Ein weiterer Punkt: Sie dienen dem Versuch, Zeit zu gewinnen auf Kosten des Gesprächs.

Weitere Fragetechniken

- Gegenfrage
- Fangfrage
- Kettenfrage
- Stimulierungsfrage
- Bestätigungsfrage
- Indirekte Frage
- Kontrollfrage
- Isolationsfrage

„Wer fragt, führt"

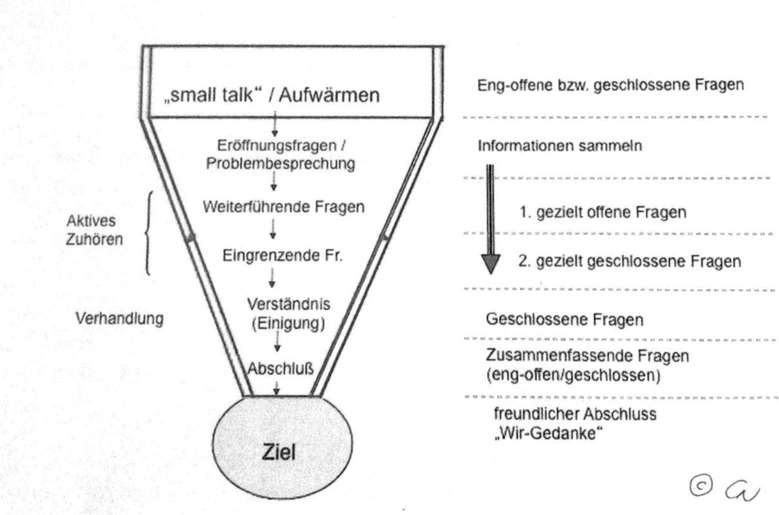

Anmerkung zur Grafik:

- Weit-offene Fragen sind alle „W-Fragen"
- Eng-offene Fragen dienen zur Eruierung von Fakten

Regeln für gutes Fragen

1. Stellen Sie immer nur eine Frage. Vermeiden Sie Fragebatterien, denn mehr als zwei Fragen können nur wenige behalten.

2. Fassen Sie sich kurz. Bei langen Fragen wird oft nur ein Teil behalten und darum nur ein Teil beantwortet.

3. Bereiten Sie wichtige Fragen vor. Sie gehen auf diese Weise sicher, dass der Befragte einen genauen Bezugsrahmen hat und weiß, worum es geht.

4. Verwenden Sie eindeutige Formulierungen, wenn Sie eindeutige Informationen wünschen. Unklare Ausdrücke sind z.B. früher, ziemlich, irgendwo, viele, ASAP, zeitnah etc.

5. Machen Sie entweder alle Alternativen klar oder gar keine.

6. Stellen Sie nach Möglichkeit konkrete Fragen, statt: „Wie verbringen Sie normalerweise Ihre Arbeitszeit?“ besser: „Was haben Sie gestern getan? Was heute?“ (eventuell noch ein Zeitfenster angeben)

7. Denken Sie daran, dass Antworten auf indirekte Fragen meist nicht eindeutig zu interpretieren sind.

8. Verwenden Sie bei heiklen Themen Fragetechniken, die den Widerstand zu antworten abbauen.

9. Variieren Sie bei Frageformulierungen, um den Eindruck des Kreuzverhörs zu vermeiden.

10. Formulieren Sie unkompliziert. Vermeiden Sie doppelte Verneinungen, z.B. „Welche Gründe sprechen nicht gegen ...?" oder Robert Lemke-Technik „Gehe ich fehl in der Annahme, dass ..."

11. Denken Sie daran: Gutes Zuhören kann Ihnen manche Frage ersparen.

12. Und noch etwas: Mit Fragen gewinnen Sie nicht nur Informationen und/oder motivieren, sondern Sie haben auch die andere Seite: wie überrumpeln, verunsichern, täuschen, manipulieren, ablenken, Zeit totschlagen ...

13. Schweigen Sie nach einer Frage.

14. Der Gesprächspartner braucht Zeit zum verstehen, sich sammeln und strukturieren sowie zum Antworten.

Meinungen und Überzeugungen

Epiktet (ein Stoiker) sagte schon: „Es sind nicht die Dinge an sich, die Menschen in emotionale Verwirrung bringen, sondern die Sicht, die sie von diesen Dingen haben." Diese Erkenntnis wurde dann von Albert Ellis modernisiert: „Nicht die Tatsachen sind entscheidend, sondern die Meinungen, die wir darüber haben."

Hier sind wir an einem wesentlichen Punkt angekommen, bei jedem selbst. Wir leben mit unseren Meinungen und Überzeugungen, zumeist sind diese unbewusst und unreflektiert.

- „Vor uns fährt ein älterer Wagen – untere Mittelklasse – und am Steuer sitzt ein Mann mit Hut." Reaktion?
- Eine Frau mit Kinderwagen und Kleinkind besucht ein Autohaus. Sie sagt dem Verkäufer, sie suche ein neues Auto. Was bietet er ihr an – ohne zu hinterfragen? Nun, natürlich eine Familienkutsche. Was er vollkommen außer acht lässt, weil er nicht danach fragt, es gibt eine Familienkutsche im Haushalt, sie will einen kleinen Sportflitzer …
- Eine wahre Geschichte aus Indien: Viele Menschen sterben an Schlangenbissen. Erstaunlicherweise sind nur wenige Schlangen giftig, ihr Biss noch seltener tödlich.
- Menschen erfrieren in einem Kühlwaggon der Eisenbahn: Ein Zug fährt aufs Abstellgleis, die Waggons wurden gereinigt und verschlossen. Irrtümlich wurden zwei Mitarbeiter nach der Ankunft auf dem Abstellgleis in einem Kühlwaggon eingeschlossen. Als sie gefunden werden, zeigen sie alle Zeichen von Erfrierung. Das Kühl-

Aggregat wurde aber abgeschaltet, bevor der Waggon auf das Abstellgleis kam.

- Menschen sterben, weil ein Voodoo-Magier sie zum Tode verurteilt hat.
- In Medikamentenstudien erleben Teilnehmer die gleichen Nebenwirkungen wie beim richtigen Medikament, schreibt die Sonntagszeitung am 20.09.2009 in „Ich werde schaden" von Magnus Heier

An diesen Beispielen sehen wir bereits, dass die Menschen in der Lage sind, sich sehr intensiv in ein Gefühl hinzusteigern und dieses konsequent bis zum Ende zu halten. Das funktioniert naturgemäß auch im „Kleinen". Ich traue einem Mitmenschen nichts zu, vor allem keine Freundlichkeit und/oder Kompetenz. Was macht das mit mir als Verhandlungspartner?

Betrachten wir noch die Kette, die in einem Menschen abläuft:

DENKEN → FÜHLEN → HANDELN

Hier wird nun endgültig klar, was in uns vorgeht. Das, was wir denken, das fühlen wir auch, und das, was wir fühlen, genauso handeln wir auch.

Dieses Vorgehen wurde von dem amerikanischen Psychologen Robert Rosenthal, s. Anhänge) genauer beschrieben und in Experimenten untermauert: Wenn wir Menschen so behandeln, wie sie sein könnten, statt wie sie sind, erleben wir verblüffende Ergebnisse. Rosenthal nahm im Wesentlichen den positiven Ansatz. Und er bekam eine positive Verstärkung als Ergebnis. Dieses Prinzip ist ebenfalls bekannt als das Resonanzprinzip. Eine große Studie ergab, dass Unternehmen, die alle ihre Rech-

nungen unverzüglich begleichen, auch von ihren Kunden die Zahlungen sofort erhalten. Ein Beispiel aus der Schule:
Wenn der Lehrer überzeugt ist, dass seine Schüler gut sind und keinerlei Probleme mit dem Lehrstoff haben, dann sind die Schüler alle gut und haben keine Probleme. Sowie er nur leichte Zweifel hat, kippt das Prinzip.

Es liegt also ganz allein bei uns, unsere Meinungen und Überzeugungen zu steuern. Voltaire sagte schon: „Festgefügte Meinungen haben mehr Kummer und Verdruss in der Welt verursacht als alle Seuchen und Erdbeben zusammen."

Lernen wir also, unser Denken so zu lenken, dass das Ergebnis den größtmöglichen positiven Nutzen bringt. Das bedeutet, flexibel im Denken zu werden. Stephen Covey2 spricht immer wieder vom Paradigmenwechsel, dem Umdenken, der neuen Perspektive. Er vergleicht ein Paradigma bzw. eine Meinung oder Auffassung oder Lebenseinstellung mit einer Landschaft oder Landkarte. Wenn wir uns in eine andere Landschaft bewegen, dann lernen und sehen wir Neues. Legen wir die bisher von uns eroberten Landkarten über- bzw. nebeneinander, so stellen wir fest, dass sie sich unterscheiden. Wechseln wir die Landkarte, dann wechseln wir unseren Blickwinkel, also auch unser Paradigma.

---

[2] Stephen Covey, Der 8. Weg bzw. die 7 Wege zur Effektivität

Non-verbale Kommunikation und Zuhören

Paul Watzlawick (Anleitung zum Unglücklich sein) sagte einmal:

„Der Mensch kann nicht nicht kommunizieren."

Stellen wir uns vor, ein Meeting. Viele Personen sitzen um den Tisch, noch einer kommt herein. Seine Körperhaltung, seine Gestik, seine Mimik „sprechen" Bände. Wie reagieren wir?

Beispiel aus dem Alltag: Ein junger Mann trifft einen Bekannten. Der junge Mann ist selbstständig, war aber in der Vergangenheit nicht sehr erfolgreich. Es entspinnt sich ein Dialog wie „lange nicht gesehen", „wie geht es Dir", „was machst Du". Der junge Mann verliert seine Haltung vollkommen, die er bei der Begrüßung zeigte, während er antwortet. Er weicht nach hinten aus, seine Bewegungen werden fahrig, als er seine neuen Ideen und seine neu entdeckten Geschäftsfelder schildert, derentwegen er sogar umziehen will.

Was zeigt sich? Seine vorgetäuschte Sicherheit kostet ihn soviel Energie, dass sein Unterbewusstsein und seine versteckten Gedanken in seinen Bewegungen Ausdruck erhalten. Eigentlich hätte er gar nicht sprechen müssen. Seine gesamte Körpersprache drückt seinen aktuellen Zustand aus.

Körpersprache

Was verstehen wir eigentlich unter Körpersprache oder non-verbaler Kommunikation?

- Körperhaltung
- Mimik
- Gestik
- Sprache

Die non-verbale Kommunikation ist das wesentliche Element überhaupt in der Interaktion von zwei und mehr Menschen. Sie kann nicht abgestellt werden. Somit ist sie ein wesentliches Element in Verhandlungen.

Übrigens reagieren wir auf non-verbale Signale, auch wenn wir sie nicht bewusst wahrnehmen, z.B. bei den Augen:

- Sich verengender Blick : Konzentration
- Lange, nachdenkliche Blicke : Informationsbedarf
- Schnell ausweichende Blicke : Unsicherheit
- Blick zur Decke
- Hochgezogene Augenbrauen: Interesse
- Hochziehen einer Augenbraue : Skepsis
- Blick nach unten : innerer Dialog
- und anderes mehr

Nur ca. 8 % der Informationen werden mit Worten vermittelt, ca. 14 % mit dem Tonfall, und der große Rest wird über die Körpersprache transportiert.

Exkurs: 7-38-55

Mit diesen Zahlen schrieb Prof. Albert Mehrabian in den 1970er Jahren Wissenschaftsgeschichte. Aus einer Studie leitete der Psychologieprofessor ab, dass die Wirkung einer Botschaft zu 55 Prozent von der Körpersprache, zu 38 Prozent von der Stimme und nur zu 7 Prozent vom Inhalt des gesprochenen Wortes abhänge. Ein sensationelles Ergebnis! Seit dieser Zeit werden Mehrabian's Erkenntnisse in der Kommunikationswissenschaft immer wieder angezweifelt, doch ob in dieser Deutlichkeit oder schwächer, eines steht fest: Wer andere überzeugen will, der muss nicht nur seine Worte sorgfältig auswählen, auch Stimme und Körpersprache reden ein gewichtiges Wörtchen mit.

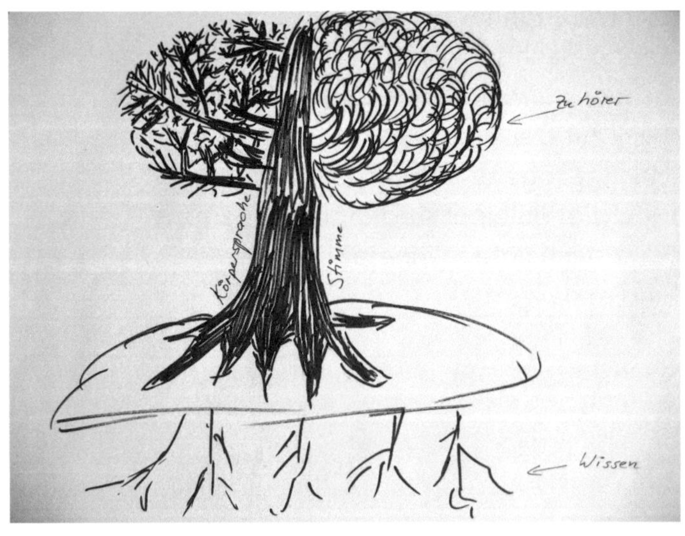

Lügen und Täuschungen

Wirklich interessant wird es, wenn Lüge und Täuschung mit in die Verhandlung einziehen. Auf einer Ebene, z.B. beim Blickkontakt, ist es dem Sprecher möglich, die Lüge zu verstecken. Bei genauerer Betrachtung zeigt sich aber, dass die anderen „Kanäle" nicht mithalten. Plötzlich wird die Körperbewegung unruhig oder die Körperhaltung spannt sich, obwohl die Stimme und der Blick absolute Ruhe und Sicherheit vermitteln (wollen). Gesichtsmimik gilt als gut kontrollierbar, die Gesamtkörperhaltung und die Bewegungen dagegen sind deutlich weniger kontrollierbar.

NB: Jeder Mensch braucht Geheimnisse. Daher ist es normal, dass Menschen lügen oder täuschen. Die wichtigsten Lügen erfolgen aus Selbstschutz, um sich Ärger zu ersparen (41 %). Kleine Lügen werden auch als „selektive" Informationsangaben bezeichnet.

Zuhören

Um in einem Gespräch immer auf dem „laufenden" zu sein, ist es also wichtig, das Zuhören zu trainieren. Nun, wie hieß es schon bei Goethe: „Die Worte hör ich wohl, allein mir fehlt der Glaube." Und schon ist klar, nur die Worte hören, das reicht nicht. Wenn ich auch die „Nebengeräusche", d.h. alles non-verbale, hören will, dann höre ich mit allen Sinnen zu.
Dann nutze ich Empathie3 und bin in der Lage, mich in den

[3] Empathie mit einfachen Worten: Mit den Augen des anderen sehen, mit den Ohren des anderen hören, mit dem Herzen des anderen fühlen.

anderen einzufühlen und einzudenken.

Ich signalisiere meinem Gegenüber, das ich die Person wertschätze, respektiere und ernst nehme. All mein Sinnen und Streben ist darauf ausgelegt, zu verstehen und aufzunehmen, was mein Gesprächspartner mir mitteilt mit und ohne Worte.

- Was ist der Inhalt seiner Worte? Bin ich in der Lage, ihm diese Worte zu spiegeln und zu formulieren: „Ich habe gerade verstanden, dass Sie ... Habe ich das so richtig aufgenommen?"
- Was will er mir mitteilen? Höre ich die richtige Botschaft überhaupt?
- Was sagt mir seine Körperhaltung? Ist er zugewandt? Versteckt er sich? Ist er reserviert und verschlossen?
- Was sagt seine Mimik? Verzieht er das Gesicht? Schaut er permanent woanders hin? Ist er überhaupt „anwesend"?
- Was sagt die Gestik? Wild gestikulierend, bewegungslos?
- Was höre ich aus der Stimme? Ist sie schnell oder langsam, überschlägt sie sich oder ist er stumm?
- Wie ist die Kleidung? Sorgfältig oder nachlässig?

Rebecca Shafir berichtet in ihrem Buch „Zen in der Kunst des Zuhörens" anschaulich und in vielen Beispielen über das Zuhören (s. „Literatur"), dazu gehören auch Beispiele über „Grenzen setzen" und so das Gegenüber ernst nehmen.

Argumentation und Konfliktstrategien

Nutzen

Eine Verhandlung mit einem Gesprächspartner gleicht einem Verkaufsgespräch. Jede/r möchte dem anderen seinen Standpunkt „verkaufen", d.h. ich muss meinen Kunden von meinem Produkt (Ansicht bzw. Verhandlungsstandpunkt) überzeugen. Das ist nur dann möglich, wenn der „Käufer" einen Nutzen für sich sieht. Also ist es wichtig, zu verstehen, was braucht mein „Käufer". Nur wer seinen „Käufer" kennt und ihn versteht, kann ihm das Richtige „verkaufen". Eine alte Verkaufsregel (4 **M**) sagt übrigens: „**M**an **m**uss **M**enschen **m**ögen."

Schauen wir uns einmal die Formel für Verkaufserfolg (VE) nach Hans-Peter Zimmermann an:

$$VE = (Pk + Vt + Ük) \times pE$$

Pk = Produktkenntnis; wird erlangt durch Lesen der Produktbeschreibung etc.

Vt = Verkaufstechnik; Seminare

Ük = Überzeugungskraft; hier verbirgt sich die eigene Überzeugung vom Produkt, „glow and tingle" (Glühen und Glitzern) in den Augen ist damit gemeint. Wenn meine Begeisterung/Überzeugung nicht beim Käufer ankommt, dann verkaufe ich nichts.

pE = positive Einstellung; das ist der innere Wille zum Erfolg, der innere Drang etwas zu erreichen. Diese ist natürlich auch abhängig von der Tagesform. Wichtig! Es gibt die Tagesform, aber es gibt auch die innere Überzeugung, nicht von seinen Gefühlen gesteuert zu werden, sondern seine Gefühle zu steuern. Die positive Einstellung schafft man sich selbst. Ein guter Verkäufer und Verhandlungsführer baut sich vor einem Verhandlungsgespräch positiv auf und schafft sich eine gute und in Balance befindliche Grundstimmung.

Beispiel:
Arbeiten wir einmal mit einer Skala von 0 – 10, also nichts bis ganz viel. Sie sehen, die reine Technik, also die harten Fakten wie Produktkenntnis und Verkaufstechnik sind nur ein kleiner Teil der Gleichung. Interessant wird es bei den „weichen" Faktoren Überzeugungskraft und positive Einstellung.

1. Stellen Sie sich vor, Pk, Vt wären jeweils auf 10, Ük auf 3 (sie sind nicht wirklich vom Produkt überzeugt) und pE wäre 4 (Schlecht geschlafen), macht also
   VE = 92.
2. Und jetzt stellen Sie sich vor, Pk = 5, Vt = 5, Ük = 10 und pE = 9 (Sie sind super gut drauf an diesem Tag, weil die Sonne scheint, das neue Auto Spaß macht etc.), dann ist
   VE = 180.

Was denken Sie ist einfacher zu erreichen, Fachkenntnis oder innere Überzeugung und Begeisterung gepaart mit positiver Einstellung?

Behandlung von Einwänden

- Durch Vorwegnahme eines Einwandes besteht die Möglichkeit der Entschärfung durch ein eigenes Gegenargument.
- Annehmen eines Einwandes und deutlich machen, dass immer unterschiedliche Betrachtungsweisen bzw. Perspektiven möglich und auch nötig sind.
- Einwand zur Kenntnis nehmen und ankündigen, später darauf einzugehen. Wichtig! Wirklich darauf eingehen.
- Das Stellen einer Gegenfrage veranlasst den Verhandlungspartner, seinen Standpunkt zu erläutern.
- Widerlegen des Einwandes durch Zitieren einer bekannten Autorität auf dem Gebiet des Verhandlungsthemas.

Nicht vergessen: Ihre Verhandlungspartner kennen diese Techniken auch.

Unfaire Angriffe

Folgende Regeln sind hilfreich, wenn es in einer Verhandlung zu unfairen Attacken kommt:

- Sachlich bleiben und Ruhe bewahren
- Soweit es möglich ist, persönliche Angriffe vorerst ignorieren.
- Appell an Vernunft und guten Willen des Verhandlungspartners
  Wichtig! Zu keinem Zeitpunkt vergessen: Verhandlungs-**Partner**, vielleicht auch Vertragspartner… und Vertrag kommt von vertragen.
- Um Ruhe bitten für alle Beteiligten
- Zu eigenen Fehlern und geänderten Meinungen stehen.
- Definitionen einfordern, wenn der attackierende Verhandlungspartner mit „höheren Werten" oder Fach- und Fremdwörtern argumentiert.

Killerphrasen und Todsünden

Killerphrasen sind pauschale und abwertende Angriffe in einer Diskussion. Sie sind nicht an der Sache orientiert, sondern werden vorzugsweise dann hervorgezogen, wenn Sachargumente fehlen.

Killerphrasen sind also Scheinargumente, die dazu dienen, Vorstellungen und Ideen des anderen als ungeeignet darzustellen, ohne es direkt auszusprechen. Sie sind eine Form konfrontativen Argumentierens, das den anderen herabsetzt, ihn verunsichert, bloßstellt und mundtot machen soll.

Auf Killerphrasen muss reagiert werden:

- Sie kommen sonst stärker und immer wieder.
- Soziales Dominanzgehabe muss auf die sachliche Schiene zurückgeführt werden. Eventuell gezielt zunächst soziale Probleme anschneiden?
- Nicht in die Defensive drängen lassen.

Abwehrmöglichkeiten:

Antworten auf Sachebene zurückführen.
Vorteil: Killerphrase wird umgeleitet und in die Dienste des Verteidigers gestellt. Beachten: nicht aus dem Konzept bringen lassen, sondern eventuell nur scheinbar antworten.

Rückfrage Bitte um sachliche Präzisierung.
Oft ist eine solche nicht möglich oder sachlich leicht widerlegbar. - Gefahr: Gegenüber bekommt zu viel Redezeit oder gar die Gelegenheit, seinen Angriff auszubauen.

Metakommunikation Killerphrase als solche thematisieren. Störung anmelden, die Gruppe über die Unangemessenheit des Angriffs urteilen lassen.

Fehdehandschuh aufnehmen Nicht konstruktiv, nicht zielorientiert. Nur sehr selten wirklich nötig und erfolgreich.

Antwort und Rückfrage haben den Vorteil, dass das Gegen-über nicht verletzt wird, wenn sie/er die Frage nicht als Killerphrase gemeint hatte, sondern sich einfach einer üblichen Phrase bedienen wollte. **Sozial nicht immer gleich das Schlimmste annehmen!**

Spielerischer Umgang mit Killerphrasen
Wenn man in Sitzungen oder innerhalb eines Teams Killerphrasen unterbinden möchte, kann man als Spielregel eine Kasse der negativen Einstellungen einführen: Für jede negative Bemerkung muss ein Euro in die Kaffee- oder Weihnachtskasse eingezahlt werden. Einige Beispiele:

- Das war immer so.
- Ohne jetzt die Diskussion unterbinden zu wollen…
- Das geht im Augenblick nicht.
- Das haben wir schon alles versucht!
- Hat das schon einmal einer ausprobiert?
- Das ist alles graue Theorie.
- Das passt jetzt nicht ins Konzept.
- Bei uns herrschen andere Bedingungen.
- Dazu fehlt Ihnen der Überblick.
- Dafür sind wir nicht zuständig.
- Die Mitarbeiter werden da nicht mitspielen.

Mehr s. Literaturangaben

Konflikt-Eskalation und Wege zurück in die Kommunikation

Betrachten wir eine Konfliktsituation. Woraus besteht sie, wie ist sie charakterisiert? Sie besteht aus

- Spannungssituation - Thema oder Gegenstand
- Beteiligte – zwei oder mehr Parteien; um wen handelt es sich?
- Abhängigkeiten – welche?
- „mit Nachdruck versuchen" – Konfliktpotential mit Eskalationsdynamik
- Unvereinbare Handlungspläne – welche Ziele, auch verborgene, liegen zugrunde?
- Wissen um die Gegnerschaft – gibt es eine Historie?

	Stufe	**Darstellung**	**Interventionsmöglichkeit**
1	Verhärtung	Standpunkte schließen sich aus	Einbringen von Gemeinsamkeiten Argumentieren, Abwägen
2	Polarisieren / Debatte	Verbale und rationale Methoden der Auseinandersetzung	Bewusstmachung der Ziele • sachlich begründete • rechthaberische Reflexion über kooperative und konkurrierende Verhaltensweisen

3	Taten statt Worte	Verbale Kontakte bleiben aus, Interpretieren und Deuten des Verhaltens der Gegenseite	Konkurrierende Verhaltensweisen bewusst machen, Sinn und Zweck der Aktionen prüfen
4	Feindseligkeit	Sorge um Reputation, Stereotypes Bild von der Gegenpartei wird aufgebaut	Ziele überdenken / Was will man wirklich erreichen?
5	Gesichtsverlust	Provokation in der Öffentlichkeit Konflikte um Werte	Demütigungsversuche unterbinden, Identitätsverlust unterbinden, Sinn und Zweck des Kampfes offen legen
6	Drohstrategie / Beschleunigung der Eskalation	„Es existiert nur noch das Weiße im Auge des Gegners"	Vermittler einschalten

Konfliktmanagement

Zuerst ein paar Grundregeln:

1. Die Entstehungsquelle des Konfliktes erkennen, auch wenn sie verdeckt sein sollte.

2. Versuchen, die richtige Wahrnehmung zu finden. Vorsicht: die eigene Wahrnehmung ist sehr selektiv. Es könnte vielleicht ein Scheinkonflikt vorliegen. Die Wahrheit liegt NICHT immer im Auge des Betrachters.

3. Analyse des Konfliktes: welches sind die Ursachen; welche Ziele werden verfolgt?

4. „Beherrschen" des Konfliktverhaltens, d.h. Anteil nehmender Gesprächs- und Führungsstil (s. a. Rosenberg, Gewaltfreie Kommunikation).
   Achtung: Bitte Enttäuschungen einkalkulieren, der Verhandlungspartner ist nicht gezwungen, das freundliche Entgegenkommen anzunehmen.

5. kommunikative Kompetenzen entwickeln (s. Zuhören und Empathie)

Diese Schritte dienen dem Ziel, wieder Verhandlungsfähigkeit zu erlangen. Dazu bedarf es guten Willen von beiden/allen Seiten, um die Gesamtsituation zu verändern.

In der folgenden Grafik – Konfliktgitter nach Blake & Mouton (1970) – sind die Konfliktstrategien aufgezeigt:

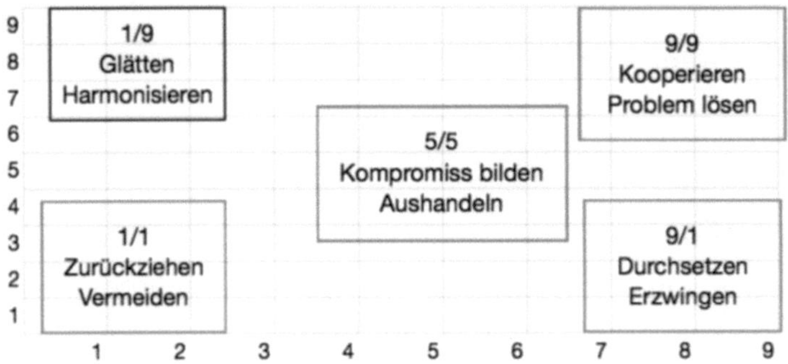

Erläuterung:

1 / 1 Ich unterlasse das Argumentieren und versuche, mich nicht in Meinungsverschiedenheiten verwickeln zu lassen.

1 / 9 Ich spiele die Differenzen herunter und betone gemeinsame Interessen.

5 / 5 Ich suche nach einer mittleren Position und einem Kompromiss.

9 / 1 Ich setze die Macht meiner Position und mein Wissen ein, um zu erreichen, dass mein Standpunkt akzeptiert wird.

9 / 9 Ich lege das Problem offen dar und behalte es bis zur Lösung bei, auch wenn es dabei zu schmerzlichen Gefühlen kommt.

Das könnte (k)eine Lösung sein [4]

- Beharre unbedingt auf deinem Standpunkt, der andere wird schon nachgeben.
- Mache permanent und lautstark in der Öffentlichkeit bekannt, dass das Recht auf deiner Seite ist und der Gegner Unrecht begeht.
- Suche nur Lösungen, die deine Interessen maximal befriedigen, schließlich bist du ja im Recht.
- Stelle den Gegner vor vollendete Tatsachen, das nimmt ihm den Wind aus den Segeln.
- Suche dir Verbündete, die dir bedingungslos folgen, das schüchtert ein.
- Wenn der Gegner nicht einlenkt, so drohe ihm Gewalt an, das zeigt immer Wirkung.
- Akzeptiere auf keinen Fall Vermittlungsversuche Dritter, denn diese wollen nur deinen Gegner unterstützen.
- Ziehe Erkundigungen über das Privatleben deines Gegners ein und gib diese an die Presse weiter.
- Wenn dies nicht ausreicht, so lanciere Gerüchte, über geplatzte Schecks, drohende Zahlungsunfähigkeit oder sexuelle Eskapaden deines Gegners.
- Gemeinsam mit dem Gegner unterzugehen ist allemal besser, als Zugeständnisse zu machen, schließlich geht es ja um den Sieg der Wahrheit.

---

[4] Quelle: Gugel, Günther & Jäger, Uli (1999). So "gewinnst" du jeden Konflikt"

Wenn es mal wieder hektisch wird …

Der Tag hat früh begonnen, der Tag vorher war extrem lang, zum Essen blieb kaum Zeit, einiges läuft nicht wie geplant, dem Projektplan drohen Verzögerungen, der Kunde wird langsam aber sicher ungeduldig.

Und Sie, Sie finden gerade Ihren Kopf nicht mehr.

Spätestens jetzt wird es Zeit für 5 Minuten Auszeit. Das geht nicht? Das geht immer. Gehen Sie sich die Hände waschen. Übrigens nennt sich das „die Säge schärfen". Mit gut gepflegtem Werkzeug sind Sie immer leistungsbereit.

„Zwei Waldarbeiter haben den Auftrag, an einem Tag soviel Bäume wie möglich zu fällen und zu zerkleinern. Der eine rackert und macht kaum Pause. Sein Stapel verarbeitetes Holz wächst. Zwischendurch sieht er seinen Kollegen, der immer wieder eine kurze Pause macht, sich stärkt. Er ärgert sich über dessen Faulheit und will ihm am Ende des Tages dazu seine Meinung sagen.
Es kommt zum Ende des Tages. Beide Stapel sind hoch.
Doch der Stapel des Waldarbeiters, der immer wieder Pausen gemacht hat, ist deutlich höher, was seinen Kollegen noch mehr ärgert. Er spricht ihn an, wie er trotz der vielen Pausen soviel Holz bearbeiten konnte.
Die Antwort lässt nicht auf sich warten:
Während Du durchgearbeitet hast, habe ich darauf geachtet, dass meine Arbeitskraft optimal zur Verfügung steht. Während Du nur gesehen hast, dass ich eine Pause mache und nichts tue, habe ich meinem Körper ein paar Minuten Ruhe gegönnt und

gleichzeitig mein Werkzeug geschärft. So war alles immer im Topzustand für die anstehende Arbeit."

Sie werden nach einiger Übung feststellen, dass diese 5-Minuten-Auszeit Sie wieder fit, leistungsfähig und aufnahme-bereit macht. Gönnen Sie sich diese Zeit, nein, verordnen Sie sich diese kleinen Pausen. Umso schneller stehen Sie Ihrem Kunden wieder voll und ganz zur Verfügung.

Wie das geht? Eine kleine Übung verrate ich Ihnen an dieser Stelle, das **„Beamen":**

Stellen Sie sich Ihren Lieblingsplatz vor, wo immer der auch sein möge. (Zur Anregung: im Wald, am Strand, in einem Café, in der Kirche, im Segelflieger, im Liegestuhl auf der Terrasse usw.) Spüren Sie genau, wie sich der Ort anfühlt, hören Sie alle Geräusche, nehmen Sie alle Düfte auf, schauen Sie genau hin, wie alles aussieht, die Farben, die Formen. Nehmen Sie alles, was vorhanden ist intensiv wahr, und nehmen sie alles wahr, was für Sie wichtig ist. Schöpfen Sie Kraft, Ruhe und Entspannung von diesem Ort, nehmen Sie im Geist alles mit. Kommen Sie zurück in die Gegenwart.

Fällt es Ihnen am Anfang schwer, diesen Ort zu visualisieren, suchen oder machen Sie ein Foto davon und schauen Sie das an.

Mit der Zeit merken Sie, dass Sie immer weniger Zeit für diese Übung benötigen. Vielleicht erlaubt Ihnen Ihr Arbeitgeber, ein Bild von diesem Ort auf Ihrem Firmen-PC zu speichern.

Anhänge

Die elf (Tod)Sünden der Kommunikation – und wie man es besser macht

Quellen:

- Von Vacano, Kornelia (2000). Gesprächs- und Verhandlungsführung. In Hochschulkurs: Management-Fortbildung für Führungskräfte an Hochschulen. Gustav-Stresemann-Institut, Bonn.
- Cole, Kris (1996). Kommunikation klipp und klar. Besser verstehen und verstanden werden. Weinheim: Beltz.

Sich herablassend benehmen

1. Bewerten
2. Trösten
3. Den "Psychologen" spielen und "etikettieren"
4. Ironische Bemerkungen machen
5. Übertriebene oder unangebrachte Fragen stellen

Signale setzen

6. Befehlen und dem anderen keine Wahl lassen
7. Den anderen bedrohen
8. Ungebetene Ratschläge erteilen

Vermeidung

9. Vage sein
10. Informationen zurückhalten
11. Ablenkungsmanöver

Diese Verhaltensweisen werden als Todsünden bezeichnet, weil sie sehr schnell jegliche Kommunikation verderben. Sie führen zu Ratespielen, Missverständnissen, Ärger, Frust und Gesprächsabbrüchen.

Diese "Sünden" werden jeden Tag begangen. Dadurch wird es uns leicht gemacht, sie ebenfalls zu begehen - so reden Leute doch miteinander - oder? So sollten Sie aber nicht Ihre Gespräche führen, wenn Sie wollen, dass Ihre Kommunikation erfolgreich wird.

Sie sollten jede "Sünde" nochmals lesen und sich überlegen, wann sie Ihnen schon einmal begegnet ist. Wie reagierten Sie darauf? Machen Sie den gleichen Fehler? Wann und mit wem? Bei der Bearbeitung der "kommunikativen Todsünden" wird auffallen, wie häufig die Wörter "Du" und "Sie" verwendet werden.

Wenn Sie sich dabei ertappen, dass Sie eine dieser "Todsünden " begehen –

1. Aufhören!
2. Atmen Sie tief durch.
3. Versuchen Sie, sich anders auszudrücken!

Sich herablassend benehmen

1. Bewerten

Wenn wir uns ein positives oder negatives Urteil über jemanden erlauben, dann geschieht dies in der stillschweigenden Annahme, dass wir uns für etwas Besseres halten. Dies trifft ganz besonders dann zu, wenn wir andere ganz global und nicht spezifisch beurteilen.

Phrasen wie "Du bist ein guter Mitarbeiter" oder "Du bist hoffnungslos "nützen sehr wenig, da es sich um sehr allgemeine Aussagen handelt, die der Empfänger nur als Behandlung "von oben herab" empfindet. Vermeiden Sie ebenso globale Beurteilungen vom dem Typus "Du bist rücksichtslos" oder "Du musst dich schon stärker engagieren, wenn du weiterkommen willst." Spezifizieren Sie Ihr Lob oder Ihren Tadel. Sagen Sie nie, was Sie mögen oder nicht mögen, ohne dass Sie dies auch begründen. Befassen Sie sich lieber mit Tatsachen, anstatt Meinungen und Deutungen zu verwenden. Benutzen Sie neutrale Wörter, und vermitteln Sie dem anderen durch Ihre Körpersprache, Ihren Tonfall und Ihre Wortwahl Ihren Respekt vor ihm.

2. Trösten

Eine andere Form der Überheblichkeit ist, jemanden zu beruhigen, zu bemitleiden oder zu trösten. „Morgen sieht alles bestimmt ganz anders aus." „Mach dir keine Sorgen, es gibt am Himmel immer einen Silberstreifen. Ich bin davon überzeugt, dass alles gut wird." „Dein Kummer nimmt mich so richtig mit." Diese Bemerkungen sind oft nicht gerade hilfreich, da sie viel zu häufig falsch sind. Sie beinhalten auch, dass wir meinen, über die Lage eines anderen besser Bescheid zu wissen als er selbst. Wenn man es sich richtig überlegt, ist diese Form der Kommunikation geradezu beleidigend.

Begegnen Sie anderen Menschen aus einer Haltung der gegenseitigen Achtung. Reden Sie weder von „unten herauf" noch von „oben herab" mit anderen. So vermeiden Sie jegliche herablassende Wirkung. Meiden Sie auch Klischees und leere Beschwichtigungen.

3. Den „Psychologen spielen" oder „etikettieren"

Sie haben sicher schon folgende Kommentare gehört: „Das behauptest du nur, weil du einen Autoritätskonflikt hast." „Ich glaube, du hast nicht ganz verstanden." „Dein Problem ist . . ." „Du hast doch Verfolgungswahn." „Du bemühst Dich einfach nicht genügend." Diese Art von Bemerkungen sind Beispiele von „Etikettieren ". Diese Art der Kommunikation „jubelt uns hoch" und stuft den anderen Gesprächspartner herunter. Es ist gefährlich, andere Menschen oder ihr Verhalten mit einem Etikett zu versehen, da wir eigentlich nicht wissen, ob es wirklich stimmt. Meistens stimmt es nämlich nicht. Dennoch benehmen wir uns dem anderen gegenüber, als ob unsere Vermutung zuträfe. Dies kann natürlich zu den verschiedensten kommunikativen Problemen führen.

Widerstehen Sie der Versuchung, andere Menschen oder ihr Verhalten zu etikettieren. Wenn Sie etwas verändern wollen, was ein anderer sagt oder tut, dann beschreiben Sie Ihre Sicht klar und deutlich, ohne Deutung oder Bewertung. Bleiben Sie bei den Tatsachen, und gehen Sie eventuell auf die Wirkung ein, die das Verhalten auf Sie gemacht hat. Das sind legitime Argumente. Dagegen sind die Deutungen eines Amateurpsychologen niemals legitim.

4. Ironische Bemerkungen machen

Obwohl die Ironie durchaus zum Umgangston gehört, stellt sie eigentlich eine aggressive Herabsetzung des Opfers dar. Auch angeblich freundliches Scherzen kann daneben gehen und zu verletzten Gefühlen führen. Oft verhindern ironische Bemerkungen ein offenes Gespräch. Ironie gehört in die gleiche Rubrik wie Beleidigung, Verhöhnen und Beschämen - und führt auch zu den gleichen Ergebnissen.

Es ist meistens besser, das zu sagen, was man wirklich meint, anstatt es in eine ironische Bemerkung zu kleiden.

5. Übertriebene oder unangebrachte Fragen stellen

Niemand hat es gerne, wenn er verhört, geprüft oder „ausgequetscht " wird. Mögen Sie das? Genau diesen Effekt erzeugt ein Bombardement von Fragen, seien es offene Fragen, die vollständige Antworten verlangen, oder geschlossene Fragen, die entweder mit „Ja" oder „Nein" bzw. einer kurzen faktischen Angabe beantwortet werden können.

Wenn Sie eine Frage stellen, dann sorgen Sie für Blickkontakt und zeigen Sie durch Ihre Körpersprache, dass Sie zuhören - nicken Sie und bestätigen Sie ab und zu. Beziehen Sie sich bei Ihrer Rückantwort wiederum auf etwas, das der andere gerade gesagt hat, oder fassen Sie das eben Gesagte kurz zusammen. Wenn Sie weitere Auskünfte benötigen, können Sie zu Ihrer nächsten Frage übergehen.

Wenn Sie allerdings sehr viele Fragen an jemanden haben, dann ist es besser, ihn um Erlaubnis zu bitten: „Wenn Sie nichts dagegen haben, möchte ich Ihnen gern einige Fragen stellen." Verknüpfen Sie jeweils die folgende Frage mit der vorangegangenen Antwort, indem Sie kurz zusammenfassen. Dies wird den „Stakkato"- oder „Maschinengewehr-Effekt"

Signale setzen

6. Befehlen

Befehlen bedeutet, dass Sie jemandem eine Anweisung so geben, dass ihm keine Möglichkeit zur weiteren Diskussion bleibt und er sich nicht weiter informieren kann, so dass kein Raum bleibt, um abzulehnen oder gar zuzustimmen. Durch Ihren Befehl fühlt sich der andere eher wie eine Maschine denn als Mensch. Je nach Ihrer Position wird er entweder mit einer aggressiven Antwort oder widerstrebendem Gehorsam reagieren.
Wenn Sie das nächste Mal geneigt sind zu sagen: „Sie müssen ..." oder „Hören Sie auf!", dann hören Sie lieber auf. Suchen Sie nach einer besseren Möglichkeit, Ihre Botschaft mitzuteilen.
Eine subtilere Form des Befehlens ist, den anderen „einzuspannen ". Damit ist gemeint, dass der andere höflich, aber bestimmt in eine Richtung gedrängt wird. Dies geschieht meist durch logische Argumente und Aussagen, die davon ausgehen, dass der andere stillschweigend annimmt, ohne dass ihm wirklich Gelegenheit gegeben wird, sich dazu zu äußern. Indem Sie dafür sorgen, dass die Unterhaltung sehr schnell vorankommt, wird der andere derart übertölpelt, dass er Ihrer Ansicht zustimmt.

Benutzen Sie Ihre Empathie, und drücken Sie Ihre Botschaft so aus, dass der andere leicht versteht, warum etwas getan oder unterlassen werden soll. Bieten Sie Verbesserungsvorschläge an. Konzentrieren Sie sich soweit wie möglich auf das Ergebnis, das Sie erzielen möchten, und überlassen Sie dem anderen die Modalitäten. Wenn Sie sich dabei ertappen, dass Sie ein Gespräch schnell zu dem von Ihnen gewünschten Ergebnis führen, dann fragen Sie sich, ob Sie dabei den anderen in Ihre Richtung zwingen oder ihn einschüchtern. Wenn ja - wollen Sie dies wirklich tun? Wäre es für Sie nicht hilfreicher und auf längere Sicht auch besser für die zwischenmenschliche Beziehung, wenn Sie dem anderen aufmerksam zuhören würden?

7. Den anderen bedrohen

„Wenn Du dies nicht machst . . ." oder „Es wäre besser, wenn…": Drohungen dieser Art – entweder ausdrückliche oder subtile, zum Beispiel angedeutete „Entweder-oder-Botschaften" - sorgen dafür, dass Menschen argwöhnisch werden. Dies fördert die Kommunikation nicht gerade. Viele Menschen wehren sich gegen Drohungen. Sie suchen nach Möglichkeiten, nicht zu gehorchen.

Wenn gute Gründe dafür sprechen, dass jemand etwas tun bzw. lassen sollte, dann erklären Sie ihm dies. Sie können ihm auch mögliche Konsequenzen schildern, und zwar auf eindeutige und faire Weise. Ermuntern Sie ihn, anstatt ihn zu bedrohen.

8. Ungebetene Ratschläge erteilen

Wenn Sätze wie „Sie sollten . . .", „Sie müssten . . .", „Haben Sie auch versucht . . ." oder „Wenn Sie auf mich hören, dann werden Sie . . ." aus uns hervorsprudeln, dann laufen wir Gefahr, dass es so klingt, als ob wir moralisierten, predigten oder einen Vortrag hielten.

Wenn andere Menschen unseren Rat oder unsere Meinung hören möchten, dann lassen Sie diese auch zuerst danach fragen. Wenn wir Ihnen unseren Rat aufzwingen, werden sie uns wahrscheinlich ignorieren. Was wir sagen, wird für sie nur leeres Geschwätz sein.
Wenn Sie unbedingt einen ungebetenen Rat erteilen möchten, dann bitten Sie zuerst um Erlaubnis: „Hätten Sie etwas dagegen, wenn ich einen Vorschlag machen würde?" oder „Möchten Sie gerne hören, wie ich damit umgehen würde?".

Vermeidung

9. Vage sein
Wenn wir nicht gleich zur Sache kommen, muss unser Gesprächspartner herumrätseln, was wir eigentlich meinen oder wollen. Da aber Gedankenlesen nicht allzu weit verbreitet ist, raten die meisten falsch! „Vage sein" bedeutet auch, sich nicht zu seinen eigenen Botschaften zu bekennen. Sätze wie „Jeder weiß, dass . . ." oder „Die meisten Menschen stimmen zu, dass..." sind Beispiele dafür, wie man nicht sagt, was man selbst meint.

Spezifizieren Sie! Die Schlüssel dazu sind gegenseitige Achtung, Empathie, für sich selbst sprechen bzw. sich zu seinen eigenen Botschaften bekennen.

10. Informationen zurückhalten
Manche Menschen verbreiten Informationen auf der Basis von „Nur soviel wie notwendig". Vielleicht hat diese Haltung früher funktioniert, aber heute müssen Menschen umfassend informiert werden, wenn sie ihre Arbeit richtig machen und erfolgreiche, vollwertige Mitglieder ihres Teams sein sollen. Informationen zurückhalten führt zu Machtspielen und falschen Überlegenheitsgefühlen anstatt zu einer erfolgreichen Kommunikation.

Falls Sie irgendwelche Informationen besitzen, die jemand anderem nützlich sein könnten, dann geben Sie diese auch weiter. Höchstwahrscheinlich werden Sie wiederum etwas Interessantes für sich selbst in Erfahrung bringen.

11. Ablenkungsmanöver
Wenn ein Gespräch sehr emotional oder persönlich wird, können sich andere Menschen unbehaglich fühlen und versuchen, wieder auf oberflächliche Themen zurückzukommen. Dies führt dazu, dass wir den Sprecher ablenken, das Thema wechseln oder in Klischees antworten.

Konzentrieren Sie sich auf Ihren Gesprächspartner und benutzen Sie die Techniken für aktives Zuhören, die wir noch ausführlich besprechen werden. Wir sind nicht gezwungen, jedes Mal, wenn wir uns mit jemandem unterhalten, ein tiefes, bedeutsames Gespräch zu führen. Andererseits gewähren uns manche Gespräche einen tiefen persönlichen Einblick und dies sollten wir nicht stets automatisch ablehnen. Ein Teammitglied oder ein Kollege könnte andeuten, dass er etwas Persönlicheres mit uns besprechen will: Eine erfolgreiche Kommunikation wird dann nicht erreicht, wenn wir ihm die kalte Schulter zeigen.

Literatur rund um das Thema Knigge, Small Talk u. a.

Asserate, Asfa-Wossen; Manieren; 3. Auflage 2007
Die „Manieren" sind kein Lehrbuch oder Leitfaden für gutes Benehmen. Vielmehr handelt es sich um soziologische und kulturgeschichtliche Betrachtungen des Verhaltens europäischer Menschen. Da jedoch zumeist auch die Meinung des Autors zu einem konkreten Problem anklingt, gibt das Buch Orientierung.

Augustin, Eduard / Kreisenberg, Philipp / Zaschke, Christian; Ein Mann - Ein Buch; 4. Auflage 2007
Ein kurzweiliges, übersichtliches und gut recherchiertes Buch über das, was Männer wissen sollten. Nicht nur für Männer.

Barbery, Muriel; Die Eleganz des Igels; 5. Auflage 2008
Bildung ist nicht an den Stand gebunden. Wertschätzung und Stil zeigen sich gegenüber dem Menschen, nicht gegenüber der sozialen Stellung.

Begemann, Petra; Der große Business-Knigge. Was Sie heute im Berufsleben wissen müssen; 2005
Ob im Umgang mit Mitarbeitern, Kollegen oder Vorgesetzten, beim Geschäftsessen, bei Verhandlungen oder im Ausland: Der Ton macht die Musik. Mit Experteninterviews und zeitgemäßen Infos.

Begemann, Petra; Der kleine Business-Knigge; Eichborn, 2008

Zeigt kurz, kompakt und kompetent, wie man jede Situation in den Griff bekommt und durch sein Auftreten andere überzeugt. Viele Beispiele und Praxistipps.

Blümner, Heike / Thomae, Jacqueline; Eine Frau - Ein Buch; 2008 (Süddeutsche Edition)

Ein kurzweiliges, übersichtliches und gut recherchiertes Buch über das, was Frauen wissen sollten. Nicht nur für Frauen.

Duden - Der Deutsch-Knigge. Sicher formulieren, sicher kommunizieren, sicher auftreten; 2008
Ein umfassender Ratgeber mit Antwort auf viele Fragen rund um sprachliche Umgangsformen. Behandelt werden sowohl schriftliche als auch mündliche Kommunikationssituationen.

Faßbender, Wolfgang; 50 einfache Dinge, die Sie über Restaurantbesuche wissen sollten; 2006
Von à discrétion bis Zigeunerschnitzel gibt dieses Buch 50 Hinweise rund um Restaurants nahezu jeder Art und den Besuch derselben.

Knigge, Adolph; Über den Umgang mit Menschen; 2008, erstmals 1788

Keine Anstandsfibel mit Regeln über korrektes Verhalten, sondern ein einsichtsreiches und von den Idealen der Aufklärung geprägtes soziologisches und sozialpsychologisches Panorama seiner Zeit.

Knigge 2009ff, Was ist neu – was ist veraltet? 2009ff, VNR Verlag Deutsche Wirtschaft AG

Download als PDF bei „www.stil.de" erhält die aktuellsten Fragen mit Antworten zum Knigge 2009 ff

Quittschau, Anne / Tabernig, Christina; Business-Knigge; 2008 (Taschenguide Haufe)
Vom richtigen Business-Outfit über tadellose Tischmanieren bis zur stilvollen Korrespondenz: sehr knapp gibt der Taschenguide zahlreiche Beispiele, darunter Ess-Anleitungen für schwierige Speisen.

Topf, Cornelia; Small Talk; 2008 (Taschenguide Haufe)

Gekonnt Plaudern, Sympathien gewinnen. Mit lockerem Small Talk knüpfen Sie nützliche Kontakte auf angenehme Wiese. Mit großem Trainingsteil.

Sutton, Robert I.; Der Arschlochfaktor;

Vom geschickten Umgang mit Aufschneidern, Intriganten und Despoten im Unternehmen; 2007, Heyne

Interessante Betrachtungen, Ansichten und Einsichten. Ein MUSS für jeden, der in einem Unternehmen arbeitet.

… und noch ein paar ergänzende Literaturtipps, einfach so …

Autor	**Titel**
Adams, Scott	Das Dilbert Prinzip
Berne, Eric	Spiele der Erwachsenen
Blumenthal, Erik	Verstehen und Verstanden werden – Die neue Art des Zusammenlebens
Commer, Heinz	Knigge International
Covey, Stephen	Die 7 Wege zur Effektivität (Buch, Hörbuch und Kartenset)
Covey, Stephen	Der 8. Weg (Buch und Hörbuch)
Ellis, Albert Schwartz, Dieter Jacobi, Petra	Coach Dich ! Rationales Effektivitätstraining zur Überwindung emotionaler Blockaden
Harris, Thomas A.	Ich bin o.k. - Du bist o.k.
Holler, Ingrid	Trainingsbuch Gewaltfreie Kommunikation nach Marshall B. Rosenberg

Klein, Olaf Georg	Warum Ost- und Westdeutsche aneinander vorbeireden – Ihr könnt uns einfach nicht verstehen!
Ogger, Günter	Nieten in Nadelstreifen
Rosenberg, Marshall B.	Gewaltfreie Kommunikation – Eine Sprache des Lebens
Rosenberg, Marshall B.	Mach doch … was DU willst Gewaltfreie Kommunikation am Arbeitsplatz
Schulz von Thun, Friedemann	Miteinander Reden (in drei Bänden)
Shafir, Rebecca Z.	ZEN in der Kunst des Zuhörens – Verstehen und Verstanden werden
Skambraks, Joachim	30 Minuten für den überzeugenden Elevator Pitch
Tannen, Deborah	Warum sagen Sie nicht, was Sie meinen? Jobtalk – wie Sie lernen, am Arbeitsplatz miteinander zu reden
Watzlawick, Paul	Anleitung zum Unglücklichsein (und andere)
Molcho, Samy	Körpersprache (Bildband)
Molcho, Samy	Körpersprache als Dialog – Ganzheitliche Kommunikation in Beruf und Alltag
Adams, Douglas	Per Anhalter durch die Galaxis

Internet, CD

Thema	Link
Kommunikation etc.	www.hpz.com Hans-Peter Zimmermann, Kommunikations-/Vertriebs- und Motivationstrainer, Schweiz
Kommunikation	http://arbeitsblaetter.stangl-taller.at/KOMMUNIKATION
Killerphrasen 1	www.junior-team.de/kill_phrase.html (01-03-14)
Killerphrasen 2	www.dr-kopp.com/service/tipps_des_monats/tipp_killerphrasen/
Chefsprüche, die es in sich haben, 2007 Härter, Gitte	www.selbstmarketing.de/tipps/artikel/bib7/7_spr.htm (07-04-01)
Konfliktmanagement	www.friedenspaedagogik.de
Gewaltfreie Kommunikation	www.cnvc.org Marshall B. Rosenberg, Center for Non Violent Communication
Business-Alltagtaugliche Tipps	www.computerwoche.de www.heise.de www.karrierebibel.de

Focus Forum: Die Erfolgsmacher	Hörbuch mit Sabine Asgodom, Jörg Löhr, Monika Matschnig, Reinhold Messner, Marco von Münchhausen, Rolf H. Ruhleder, Lothar J. Seiwert, Michael Spitzbart, Reinhard K. Sprenger

Ansonsten: Recherchieren Sie im Internet. Google weiß fast alles und ist ziemlich geschwätzig!
Hörbücher sind ein guter Begleiter im Auto, in der Bahn, im Flieger oder auf der Sonnenbank.

Auf ein Wort zum Schluss

Jedes Buch ist einmal zu Ende. Sie kennen jetzt die bisher von mir erschienenen Texte und ich gehe davon aus, dass Sie Freude damit hatten, sonst wären Sie nicht hier gelandet.

Sicher sind Sie an diesem Punkt mit mir der Meinung, Lesen ist etwas Schönes, besonders Ratgeber. Doch was gut tut, ist, Veränderung zu gestalten und zu leben. Willkommen im neuen Leben.

Die zurückliegenden Texte haben Ihnen einen Einblick in meine Gedankenwelt und somit auch ein stückweit in meine Arbeitsweise gegeben. Um Ihnen dazu ein vollständiges Bild zu geben, hier noch einige weitere Informationen.

Christa Nehls – Expertin für Kommunikation mit Wertschätzung, Respekt und Ermutigung

Als **Coach** biete ich Ihnen meine Begleitung für Ihren Veränderungsprozess, gleich welches Thema gerade für Sie aktuell und wichtig ist. Respekt, Achtung und Wertschätzung sind die wichtigsten Grundeigenschaften im Umgang mit meinen Kunden. Meine Eigenschaften und Fähigkeiten sind Integrität, Authentizität, Ehrlichkeit, Direktheit, Kreativität und Impulse setzen.
Das Erstellen für Sie stimmiger Handlungspläne gemeinsam mit Ihnen ist das Ergebnis meiner Arbeit.

Alle **Seminare** sind maßgeschneidert für Sie und Ihr Unternehmen, so z.B. Kommunikationstraining. Hier schöpfe ich aus meiner langen Erfahrung in den Branchen IT, Gesundheit und Energie. Ihre Mitarbeiter wissen nach dem Training genau, wie sie bei Ihren Kunden aufzutreten haben und wie sie Ihr Unternehmen zu repräsentieren haben. Sie bestimmen die Inhalte, denn Sie wissen, wie Ihr Unternehmen wirken soll.

Als **Menschenfreundin** bin ich im Gesundheitswesen unterwegs. Hier arbeite ich mit Adipositas-Patienten im Rahmen des optifast52 ® als Verhaltenstrainerin. Meine Aufgabe ist es, den Teilnehmern über den Verlauf von einem ganzen Jahr die Aufmerksamkeit für sich selbst zu schenken sowie für ihr Essverhalten, um dieses langfristig zu verändern und so das reduzierte Gewicht zu erhalten bzw. noch mehr zu verlieren/loszulassen. Und es ist mir wichtig, für übergewichtige Menschen eine Lanze zu brechen und die Diskriminierung zu beenden oder ihr das Wort zu reden.

Häufig gesellt sich zum Einzelcoaching von Fach- und Führungskräften die **Beratung** für Prozesse und deren Veränderung im Unternehmen.

Noch ein Hinweis auf meine Tätigkeit als **Referentin**. Ich referiere zu meinem Motto „Nur das Tun zählt". Dazu gehören viele Themen.

Sie sind neugierig geworden? Dann heiße ich Sie herzlich willkommen auf meinen Webseiten:

Meine Arbeit als Coach	www.cn-counseling.de
Meine Methode Mit BLOG	www.lisa-methode.de www.facebook.com/LISA.Methode
Bücher	www.menschin.com
BLOG zum Abnehmen als Gastautorin	www.schlanker.org
HotNewsBLOG (Schweiz)Gastautorin	www.hotnewsblog.net
Facebook	www.facebook.com/ChristaNehls
XING	www.xing.de/ChristaNehls
Twitter	www.twitter.com/ChristaNehls
Google+	www.google.com/+ChristaNehls

Sie möchten mir schreiben? Dann bitte per Mail:

christa@cn-counseling.de

Kontakt:

Christa Nehls
Coach & Trainerin
für Fach- und Führungskräfte
Autorin & Referentin

Hans-Sachs-Ring 35
68199 Mannheim
Fon: 0621 44069100
menschin@menschin.com
www.menschin.com